# 真是令人大开眼界呀！

## 05 洗发水

［法］安娜－贝内迪克特·施维贝尔 编　章婵 译

中信出版集团｜北京

图书在版编目（CIP）数据

真是令人大开眼界呀！．05，洗发水 /（法）安娜－贝内迪克特·施维贝尔编；章婵译．-- 北京：中信出版社，2023.11
ISBN 978-7-5217-5850-4

Ⅰ．①真… Ⅱ．①安… ②章… Ⅲ．①科学知识－儿童读物②身体－清洁卫生－卫生用具－儿童读物 Ⅳ．①Z228.1 ②R166-49

中国国家版本馆 CIP 数据核字（2023）第 120243 号



**真是令人大开眼界呀！ 05 洗发水**

编　　者：[法] 安娜－贝内迪克特·施维贝尔
译　　者：章婵
出版发行：中信出版集团股份有限公司
（北京市朝阳区东三环北路27号嘉铭中心　邮编　100020）
承 印 者：北京尚唐印刷包装有限公司

开　　本：889mm×1194mm　1/16　　印　　张：3.25　　字　　数：75千字
版　　次：2023年11月第1版　　印　　次：2023年11月第1次印刷
京权图字：01-2023-1613
书　　号：ISBN 978-7-5217-5850-4
定　　价：398.00元（全20册）

出　　品：中信儿童书店
图书策划：小飞马童书
总 策 划：赵媛媛
策划编辑：白雪
责任编辑：许美琳
营　　销：中信童书营销中心
美术设计：谢佳静
内文排版：王莹


服务热线：400-600-8099
投稿邮箱：author@citicpub.com

# 目 录

## 第一部分 故事篇 / 2

## 第二部分 游戏篇 / 20

## 第三部分 五花八门 / 36



我是乔治，我出现在书中的各处，准备和你一起阅读。

■ 长故事 ■

# 美丽的秀发，糟糕的心情

文本：德尔菲娜 · 佩莱 绘图：阿努克 · 里卡尔

热拉尔 · 蒙巴维耶发明了各种洗发水和护发素。

每个周末他都在自己的车库里研制新配方，例如专门针对细软油腻头发的，可以让头发前短后长的，甚至还有让头发闻起来像黄油可颂面包的。

在某个周末，他发明出了终极洗发水，能让头发闪耀顺滑，比杂志照片上的头发还漂亮，就像经过了电脑美化处理似的。

只不过他不知道，这个最新配方会让人在淋浴时情不自禁地唱歌。

他为这款洗发水选了一个五彩缤纷的瓶子，然后一口气制作了好几箱新产品，希望它能改变世界。

一个商贩买走了三瓶终极洗发水，这远远没达到热拉尔的期望。

热拉尔又回到了车库里，有人委托他制作一款“大波浪发型专用洗发水”，他觉得这有点平平无奇。

第二天一大早，昨天买洗发水的商贩布鲁达尔先生就已经身穿天鹅绒的燕尾服，开着小货车在门口等着了，他想再来十七瓶终极洗发水。布鲁达尔的喜悦之情溢于言表，迫不及待地要赶回自己的店里，准时开门迎客。

这只是个开始。

接下来的一周，布鲁达尔先生下了四箱货的订单。

一个月后，布鲁达尔先生又拉走了整整一货车的洗发水。

很快，全市的居民都想用这个洗发水来洗头发，哪怕会在洗头的时候不由自主地哼起流行歌来也无所谓。不管是谁用了它，都会拥有明星那样的秀发。

化妆品店的货架很快就被这款新产品霸占了。

其他洗发水全部滞销。

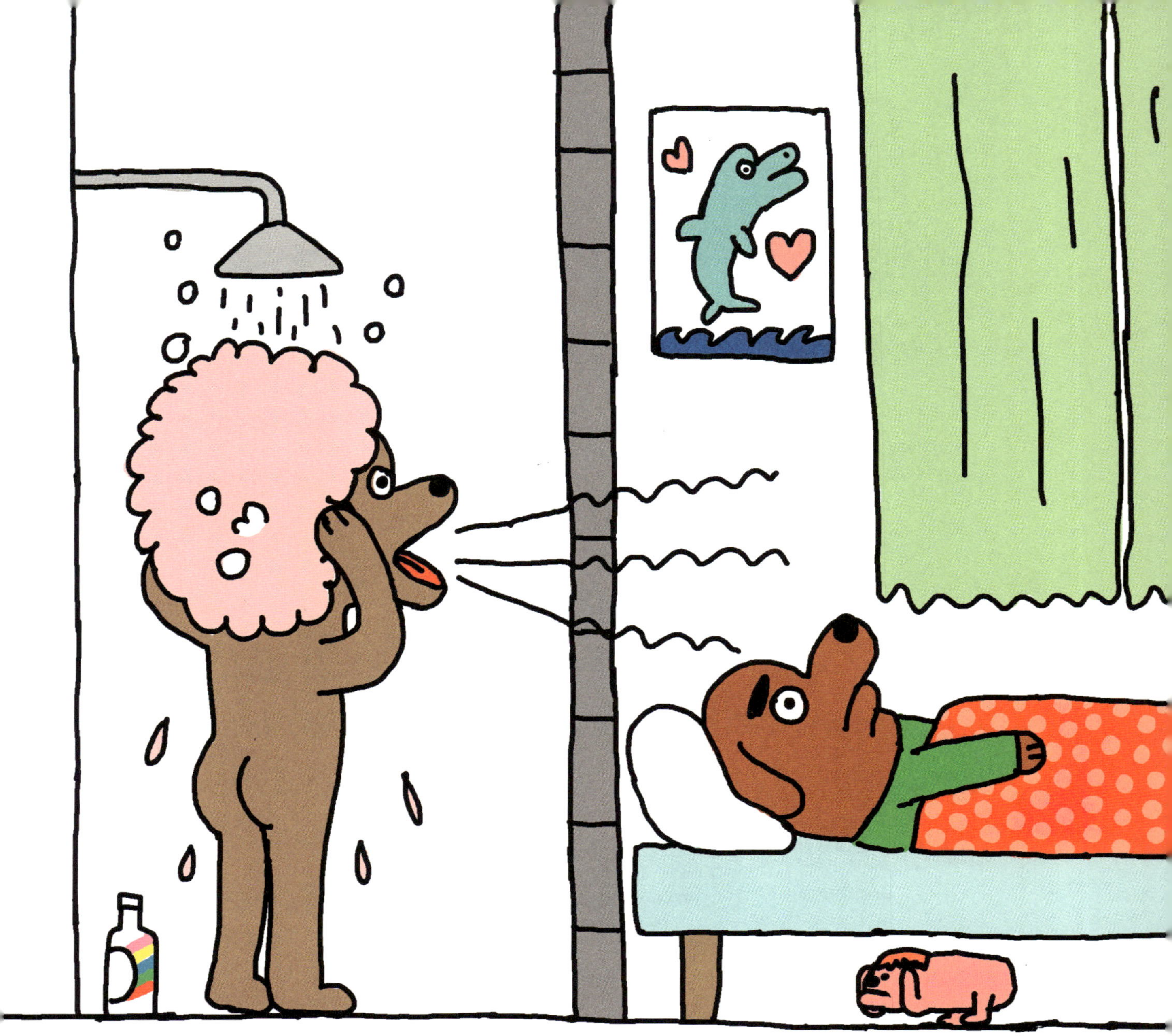

就在这时候，光头们开始不满了。那些有头发的人一洗澡就唱歌，吵得要命。

市长颁布了一道法令，禁止在晚上九点以后洗头。此外，早上不行，晚间新闻的时候不行，孩子们午睡的时候也不行。

法令越来越严苛。

气氛日益紧张。

再没有人愿意用传统洗发水了。

多么夺目的美丽！怎么能看着别人都漂漂亮亮的而自己却无法享受呢！

光头们签了一份请愿书。

各种文化衫出现了，大家都煞有介事地穿在身上。不光是为了表明态度，也因为这很受欢迎，这已经成为时尚。

热拉尔对这一切都深感失望，他试图改变配方，但他只发明出了一种让头发散发出旧鞋底味道的洗发水。

然后，有一天，终极洗发水反对者们进行了一场声势浩大的游行。而终极洗发水拥护者们也展开了反击。空气中像充斥着电火花，冲突一触即发。警察、电视台记者和消防员们都出动了。

就在这天下午，热拉尔的车库着火了（一只近视的老鼠把电线看成了奶酪丝）。但大家的全部注意力都在游行上，没人来救火。

热拉尔逃到花园里，看着大火吞没车库，心情却变轻松了。他终于能重获安宁了。

接下来的几个月里，人们的头发都脏得打绺了，他们等待着终极洗发水重新回到化妆品店的货架上。

渐渐地，细软头发、干枯头发、直发、卷发、深色头发、浅色头发、染色头发和毛糙头发专用的洗发水又一一出现。

人们忘记了终极洗发水。

一切又回到了正轨上。

热拉尔开始捣鼓他的花园。他发明了一种肥料，效力惊人。

只不过他不知道，这种肥料会让鼻涕虫……唱歌！

# 采访约翰·杜夫

文本：德尔菲娜·佩莱 绘图：阿努克·里卡尔

**生活中的环保主义者，历史的狂热爱好者……这就是乔治所见到的约翰·杜夫，他在《美丽的秀发，糟糕的心情》中出演热拉尔·蒙巴维耶一角。**

99 **您扮演的是化学家，请问您对这个职业感兴趣吗？**

约翰 当我还是个小胖子的时候，我整天都把自己关在浴室里，像个科学怪人一样，将牙膏、沐浴露和防晒霜混合在一起！那时我其实应该学理科的，可是我数学太差了。另外，我也不想解剖老鼠。所以，我对化学家这个职业不感兴趣。如果今天要我从事另外一个职业的话，我会选择当个画家。最近我在为布比（我的宠物）画肖像。

99 **史努比、兰坦普朗、白雪……不少著名的狗狗演员在一些故事里贡献了精彩演出。他们当中谁是你的榜样呢？**

约翰 事实上，我对这些演员的个人性格更加感兴趣。查尔斯·温斯是《丁丁历险记》中白雪的扮演者，他的真实生活让人大跌眼镜：他是真正的摇滚明星！但只要他一站在摄影机前，就变得不同了。朱利叶斯·赫福茨（兰坦普朗的扮演者）是一位很有教养的雅士，但他将这只天真的狗狗演得活灵活现。这太让我钦佩了！要演好一条傻乎乎的狗是需要花很多功夫的！（笑）

99 **在这个故事里，人们为了支持或反对您的超级洗发水而上街游行。在现实生活中，您热衷于参加社会活动吗？**

约翰 不，我不是很积极的活动分子。我确实在网上签了不少请愿书，但我不会真正走上街头。另外，我每年都会给一个机构捐款，用来拯救蜜蜂、保护森林或者反对口臭。

99 **在之前的采访中，您曾经向我透露，您的梦想是出演一部警匪片。您有接到邀约吗？**

约翰 有的，我去年接到了一个片约，但需要高度保密。上个礼拜又收到了另外一个！可剧本是用捷克语写的，我根本看不懂。我得让我的助理翻译一下。目前我只知道这是一个关于奶油泡芙和炸丸子的故事。

99 **听上去很有意思……听说您将与整个故事团队一起出席在夏朗德省木桐市举行的头发艺术节，是吗？**

约翰 是的，正是如此！听说还会有狗狗假发游行（连耳款的）！绝对不能错过！

“查尔斯·温斯是《丁丁历险记》中白雪的扮演者，
他的真实生活让人大跌眼镜：他是真正的摇滚明星！”

# 邦比和高里

## “骇人”的长发绺

文本与绘图：玛丽·诺维昂

我不喜欢用洗发水，很刺眼睛！
别担心，这一款非常温和。
我爸爸年轻的时候故意留了一头脏辫儿，因为他是雷鬼歌手鲍勃·马利的粉丝……
真的吗？
有一天，他在一个慈善义卖集会上被传染了跳蚤，我妈妈只好给他剃了个光头！
啊啊啊啊啊，我的眼睛！！！
太疼了！
哦……
我不知道你是怎么搞的，我从来都没有弄到过眼睛里！
过了一会儿……
洗完头之后是不是感觉好多了？
哼……
你爸爸一定是鲍勃·马利的超级粉丝，连浴室里都贴着他的照片！
不，这是我妈妈贴的……
她说这样的话，我在洗头的时候就不会吵吵闹闹了。
可能他洗头的时候也会把洗发水弄到眼睛里……
完

# 令人惊叹的历史

文本：樊尚·雅多　绘图：塞维里·米耶

**当我们从游泳池出来或早上睡醒，要将翘起来的一绺头发抚平，又或者需要打造完美发型时，最佳的选择就是使用电吹风机。哪怕那些没有头发的人，也想对这项发明有更多了解。**

## 追根溯源

岩洞壁画表明，我们穴居的远古先祖已经会使用尖锐的石器打理胡须和头发。但要想将乱蓬蓬的湿头发弄干，他们得求助于风神埃俄罗斯。

理发师最初是古希腊、古罗马时代的奴隶，几个世纪后逐渐变成了受人尊重的手艺人，他们会在剪完头发之后为头部来一个按摩。

吹风机的原理其实很简单：一阵轻柔的微风，再加一点儿热度。可惜的是，风不是按个按钮就能跑出来的，直到1890年，一位叫亚历山大·戈德弗罗伊的法国理发师才成功研制出首个吹风机。大部分人头上的发量在120 000～150 000根之间，为了让这些头发吹到热风，他发明了一种“帽子”，通过管子连接在煤气灶上。简而言之，有点像将火车烟囱连接在顾客的头发上。理发店看上去如同酷刑室一般！后来，这种吹风机被加热头盔所取代，顾客们可以戴着头盔一边吹干头发，一边舒适地翻阅杂志。

## 感谢电

到20世纪20年代，人们终于开始用电来传送和加热空气。现代的可持式电吹风机几乎同时诞生于德国、美国和法国。最后，任职于卡洛尔公司的法国工程师莱昂·杜耶的名字被记入了史册。

当时的电吹风机是金属材质的，几乎不怎么绝缘，因此经常会发生触电事故。至于这个机器的重量，需要强有力的胳膊和手腕才能优雅地举着它在头上晃来晃去。

## 形如手枪

赋予吹风机手枪式现代造型的是万能牌吹风机的一位工程师让·芒特莱，他的灵感来源于钻孔机。不久之后，一款“詹姆斯·邦德”风格的电吹风机获得了巨大成功。

自此以后，电吹风机日臻完善，各种配件逐渐增加，功率也不断提高。但有个问题一直没得到解决：噪声。完全静音的电吹风机还有待发明，在此特别告知我们具有创造才能的读者们。

洗发水

文本与绘图：玛丽·米尼奥

## 第一回

## 吉内特不见了！

大侦探比尔·博莱和助手翻翻
完成的一次
不可思议的调查。

您在干什么，头儿？
？
我整理一下，这里太乱了！
头儿，我冒昧地说一句，最好什么都别碰。您会破坏证物和现场的！
我们还是找找线索吧。
确实这样做好一些！
头儿，我看到了一些东西，您看到了吗？
血迹！
嗯？！
这不是血……是樱桃果酱！
最后一个问题……
您的主人有在这间房间里吃饭的习惯吗？
没有！而且她讨厌吃果酱！
丁零零零！
头儿！找到吉内特了！
未完待续
请在“飞碟”主题的分册中阅读下一回。

■ 游戏1 ■

# 洗，剪，吹

绘图：杰雷米 · 克莱斯

**在理发店排队等候时，乔治听到了理发师和一位顾客的对话。**

A. 由于电吹风机的噪声太大，以下是他听到的内容。请用下面的词替换对话中的粗体字，让大家能看懂这段话。

• 顺滑 • 暖和 • 洗发水 • 头发 • 耳朵 • 清新 • 热 • 短 • 年轻 • 理发 • 修剪

——还好吗？吹风机会不会太**冷**，有没有烫到您的**鼻子**？

——没有，挺好的，正好让我**凉快**一点儿！

——马丁太太，您等下就会看到，这个发型显得您更**苍老**了！

——我的小菲丽希，您真是太贴心了。我很久没有**洗衣服**了，头发像一堆干草。

——我刚刚用了一款新型**洗手液**为您洗**手**，您觉得气味如何？

——很**可怕**，闻起来像苹果。

——没错，而且它可以让您的头发更**干燥**。

——谢谢。菲丽希，您能帮我把刘海儿剪得更**长**一点儿吗？

——没问题，太太，我再稍微**粘贴**一下！乔治先生，您可以去洗头发了！

B. 用以下数字将这段话补充完整（其中只有一个数字可以被使用两次）。

• 0 • 1 • 2 • 3 • 4 • 6 • 10 • 20

在下页这幅画中，有______把剪刀，______只眼睛，______根睫毛。另外还有______只鼻子，______颗心，______只耳环，______管口红，______颗痣，在电吹风机上有______个圆圈。

这是
那是
她
排场

■ 游戏2 ■

# 盘发髻

绘图：斯特凡妮·拉纳

**每一年，小眼镜三姐妹（乔治的朋友）都要参加“最高发型”大赛。**

今年，她们选择了你作为发型师！请在下图为她们设计三款又高又漂亮的发型。

游戏3

# 叮！手工时间到了！

设计者：让-大卫·曼斯鲁

**小朋友们，**

**一起来动手玩一玩吧！**

# 下面是一个正在洗头的人的纸模!

**所需材料:**

裁纸刀、剪刀、胶水。

1.将头部剪下，请大人用裁纸刀沿着粉色的线裁出两条口子。

2.将头部各个部分沿着虚线折叠，再将所有粘贴片（从A到G）沿着实线折叠。

3. 从脸开始制作头部，先将脸和粘贴片F、G粘起来，然后将后脑勺与粘贴片B、C粘起来，最后把E和D粘贴好，合拢成头部，并将粘贴片A粘在头部内侧。

4. 将身体剪下，将腿部以外的各个部位沿虚线进行折叠。同时折叠所有粘贴片。

5. 开始制作身体。将粘贴片A、B、C和D进行粘贴，然后将E和F粘好，合拢成身体。

6. 观察腿部和脚部示意图：折叠腿部（这是一个坐着的人），为了让脚部跟腿部垂直，将脚部进行折叠和粘贴。

7. 将胳膊剪下，沿长虚线对折后粘好，然后沿短虚线折叠两侧的末端部分。

8. 将胳膊粘在身体上，带有水滴图案的深色部分重合在一起。

9. 在头部抹上胶水（带水滴图案的深色方块处），然后粘贴在身体上。

10. 将胳膊两端插入头部两侧开口处。

11. 现在请将头发剪下来，沿虚线进行折叠。将所有粘贴片也折叠。将A、B、C、D分别粘好，合拢成头发。

12. 如果你的小人儿洗完头发了，那么就可以给他的头部装上干干净净的头发啦！

**腿部和脚部示意图，侧视图：**

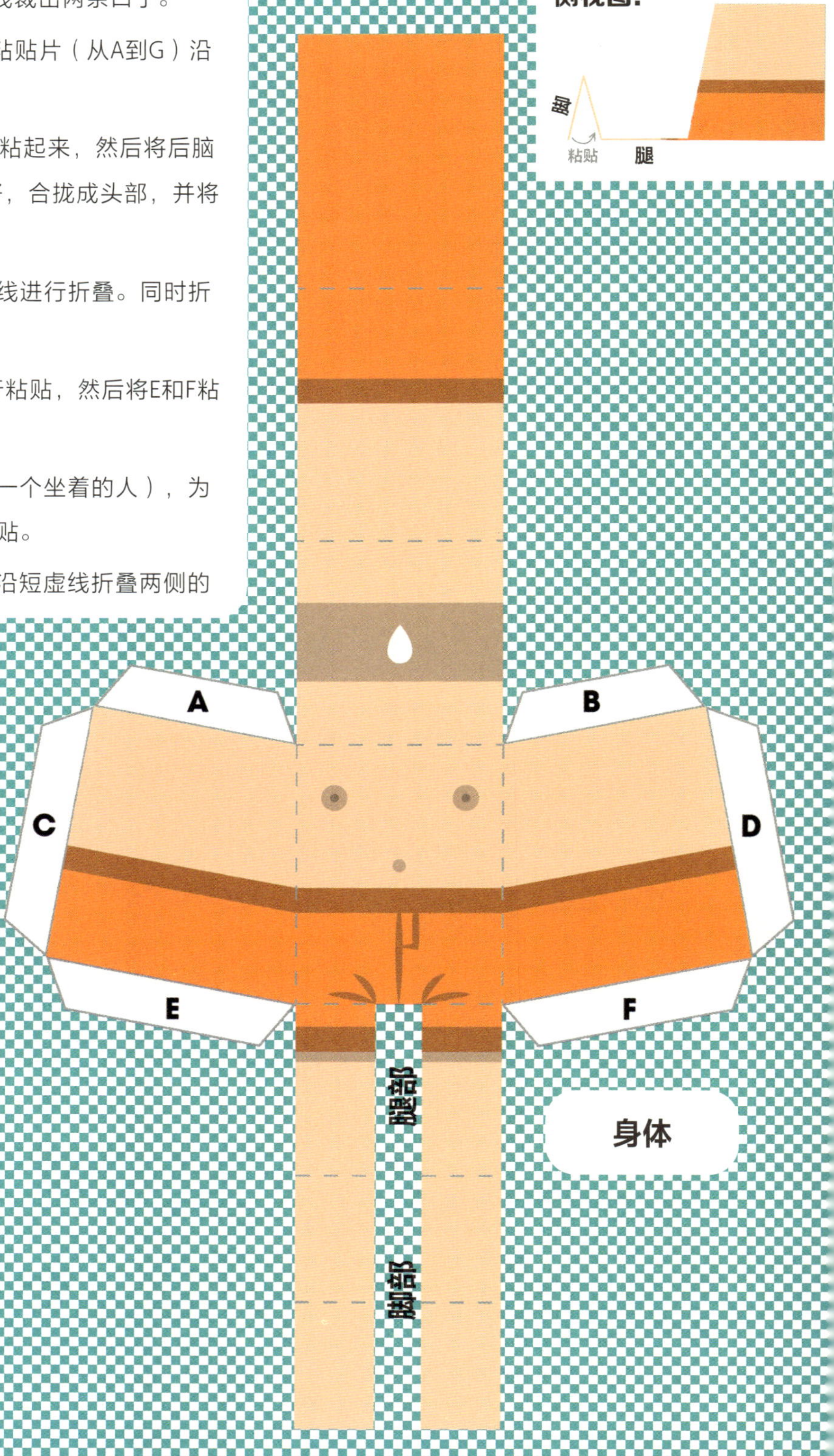

头发
胳膊
头部

小朋友们，

继续游戏吧！

■ **游戏4** ■

# 填字游戏

**在乔治常去的理发店，大家会用填字游戏来打发时间。**

请在下面的格子里填上与文字描述对应的词。（不会的字可以让大人帮忙哟！）

**横向：**

A.《西游记》中的经典故事

B. 带乘法口诀的成语

C. 杜鹃鸟又被叫作________

D. 驾驶飞机的人

E. 洗衣服的好帮手

F. 打针之前要做的事

G. 医生要照顾的人

H. 德国经典童话，主人公是一个爱吹牛的骑士

I.《皮皮鲁和鲁西西》中的男一号

J. ________，行行出状元

K. 孙悟空的别称

**竖向：**

1. ________，必有后福

2. 著名建筑，位于中国西藏

3. 形容飞得慢的鸟儿要先行动的成语

4. 负责救火及其他救援工作的职业

5. 可能让你生病的微生物

6.《绿野仙踪》中，他为了得到一颗心，和多萝西他们一同去冒险

7. 新疆维吾尔自治区的首府

8. 又叫除夕

9. 形容非常贫穷的成语

10. 本书《真实的故事》中介绍的发明

11. 老虎的别称

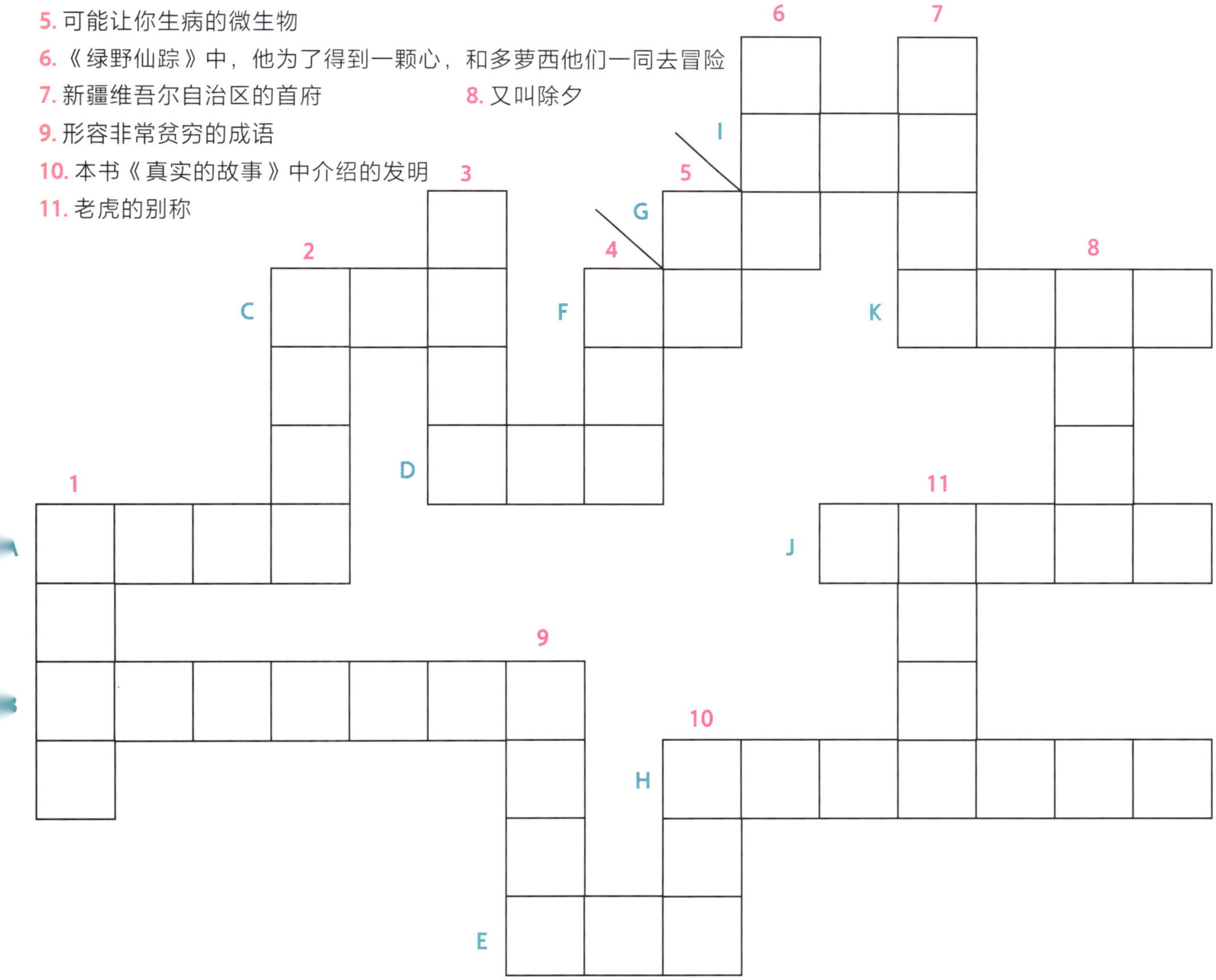

■ **游戏5** ■

# 落汤鸡造型

绘图：马丁 · 贾里

**乔治在一本杂志中看到，用一枚鸡蛋就能将头发洗得很干净。于是他想象出了一款用鸡蛋制成的洗发水，取名为“小母鸡”。**

**A.** 乔治为这款洗发水设计了三条广告语，但他把它们弄混了。请根据下面不同的字体，把它们找出来并重新排序（每条广告语由四个部分组成）。

**广告语一：**

**广告语二：**

**广告语三：**

a 却能让头发美得咯咯叫的洗发水！

b 让秀发

c 一款

d 唯一一款

e 一款为您量身打造的洗发水，

f 让

g 请使用小母鸡——

h 飘逸不凡！

i 小母鸡，

j 秀发更出众的洗发水！

k 小母鸡，

l 不会咯咯叫

**B.** 现在请你扮演设计师，设计不同形状的洗发水瓶子。

**C.** 请将下页的图片倒过来观察。你发现了什么？

马丁·贾里

■ 游戏6 ■

# 头发专家

绘图：本 · 贾文斯

**乔治的朋友图菲克教授是一位头发专家。**

**A.** 请把乔治的问题与教授的回答一一对应起来：

1→ ____ 2→ ____ 3→ ____ 4→ ____

1. 人类一般有多少根头发？

A. 每个月大约长1厘米。

2. 我们的头发以多快的速度生长？

B. 120 000到150 000根。

3. 相当于每天长几毫米呢？

C. 50到100根。

4. 我们每天掉多少根头发？

D. 每天大约长0.3毫米。

**B.** 有些东西会对头发造成伤害，但却很难避免！请帮助乔治在遵守下列规则的同时走完这条路线。

- 禁止通行的格子：“跳蚤”／“污染”／“游泳池”。
- 在经过“电吹风机”格子后，禁止下一格再走“太阳”格子。

■ 游戏7 ■

# 克里奥帕特拉七世与路易十三

绘图：罗克珊娜·卢梅莱

图一

**在翻阅书籍的时候，乔治发现不同时代的人戴着各色假发。**

**A.** 请找出两幅图分别对应的说明文字，并用词语填空，将句子补充完整。

a. 男士　b. 古埃及　c. 秃头　d. 妇女　e. 剃光　f. 文艺复兴　g. 法国

**说明1（图___）**

______国王路易十三是______以来第一位戴假发的______，因为他30岁时就______了。

**说明2（图___）**

______的______经常戴假发，为了方便，甚至有将头发______的习惯。

**B.** 你觉得从哪个时代开始，下列物品就出现了呢？（给你几个小提示：有一件物品起源于史前时代，有一件物品起源于20世纪，其他三件则起源于古希腊、古罗马时代。）

**香水：**
☐史前时代　☐古希腊、古罗马时代　☐19世纪

**电吹风机：**
☐中世纪　☐史前时代　☐20世纪

**牙膏：**
☐古希腊、古罗马时代　☐19世纪　☐20世纪

**肥皂：**
☐史前时代　☐古希腊、古罗马时代　☐中世纪

**梳子：**
☐史前时代　☐中世纪　☐20世纪

■ 游戏8 ■

# 机密泄露

绘图：阿梅丽·法利埃尔

**今天早上，乔治碰到了他的邻居马姆克太太。她没有梳头，样子看上去很滑稽。她认为某个人故意把她的梳子藏起来了。**

**A.** 上页是昨天所有去过马姆克太太家的访客。请看下面的线索，每个方框里都是一个谜语，破解这些谜题，根据这三条线索，你就能找到恶作剧的始作俑者啦。

1. 他/她 [左/右边的人] [头和肩膀之间的部位] 上有 [链条形状的首饰] 。

2. 他/她 [“上面”的反义词] 的人 [用于保护头部的毛发] 的 [两端之间的距离] 是横排的四个人中最 [SHORT] 的。

3. 他/她 [戴在听觉器官上的饰品] 的数量是 [1、3、5、7……这样的数字。] 。

**B.** 这是谁的发型？请圈出对应行和对应列的数字，可参照a题的示范。

| | | |
|---|---|---|
| a. 马尾辫 | 行 (1) 2 3 | 列 1 2 (3) 4 |
| b. 非洲辫 | 行 1 2 3 | 列 1 2 3 4 |
| c. 朋克鸡冠头 | 行 1 2 3 | 列 1 2 3 4 |
| d. 碗盖头 | 行 1 2 3 | 列 1 2 3 4 |
| e. 丸子头 | 行 1 2 3 | 列 1 2 3 4 |
| f. 脏辫儿 | 行 1 2 3 | 列 1 2 3 4 |
| g. 爆炸头 | 行 1 2 3 | 列 1 2 3 4 |
| h. 卷发 | 行 1 2 3 | 列 1 2 3 4 |
| i. 低马尾 | 行 1 2 3 | 列 1 2 3 4 |
| j. 板刷头 | 行 1 2 3 | 列 1 2 3 4 |
| k. 香蕉头 | 行 1 2 3 | 列 1 2 3 4 |
| l. 齐头帘内扣发型 | 行 1 2 3 | 列 1 2 3 4 |

**C.** 你认识下列头发的颜色吗？请将它们与对应的名称连起来。

| | |
|---|---|
| A | • 栗色 |
| B | • 金黄色 |
| C | • 灰白相间 |
| D | • 红褐色 |
| E | • 黑色 |
| F | • 粉紫色 |
| G | • 紫色 |
| H | • 墨绿色 |

■ 职业万花筒 ■

# 理发师和假发制作师

文本：樊尚 · 雅多 绘图：斯特凡妮 · 拉纳

**乔治约会迟到了。**他在镜子前跟一绺翘起来的头发斗争了好长时间。他这次要见的人是洛朗 · 卡耶，一位涉足时尚、电影、歌剧领域的设计发型、胡须造型和假发的艺术家。

**你在儿童时代梦想从事什么职业？**

洛朗 我五六岁的时候想当一个兽医。

**你是怎么选择你的职业的？**

洛朗 我的父亲希望我成为计算机专家，但我不喜欢数学。我想从事艺术工作。为了让我找到属于自己的道路，我母亲付出了很多努力。有一天，她带我去见了一位理发大师，这位大师给了我一个挑战：“我可以用三个月时间来培训你，目的是带你去参加法兰西岛大区的美发冠军杯比赛。如果你能赢，我就留下你。如果输了，就请你再另寻出路吧。”

**你曾经获得过发型比赛的奖杯吗？**

洛朗 我连着赢了好几个比赛，甚至还获得过法国冠军的称号。

**然后呢？**

洛朗 我去了一家特别大的理发店，为时装表演设计发型，然后又进入了电视领域，为新频道电视台工作。我曾经为一档喜剧节目制作假发和各式假胡须。他们每天晚上录制《没有别处》时都会乔装打扮一番。我印象最深刻的是为安东尼 · 德科内制作的摇滚香蕉头。

**制作假发的原材料是什么？**

洛朗 化纤头发或真正的头发，我们需要花几十个小时的时间才能把它们组装在一起，做成假发。

**这个职业吸引你的地方在哪里？**

洛朗 艺术创造（电影、戏剧、歌剧等），以及与顾客之间的联系和交流。我还会做一些关于头发历史的讲座，写写书……

**你有什么建议给那些想从事相同职业的小朋友吗？**

洛朗 把理发师看成一个高尚的职业。在很长一段时间里，理发师也是外科医生。路易十四曾将他们封为贵族。这也是我通过各种培训、实习活动试图传达给大家的信息。

**你想要实现的梦想是什么？**

洛朗 开一个头发博物馆。

**你最令人惊叹的作品是什么？**

洛朗 超大的假发，它是为一个5米高的芭比娃娃制作的。

**一定很震撼吧！**

洛朗 但它还是比不上玛丽 · 安托瓦内特王后的一款假发，她有次观看歌剧时头戴一顶1.9米高的假发。在凡尔赛宫，宫廷贵妇们总是互相攀比，看谁的发型最奇特。

**那她从门下走过的时候怎么办呢？**

洛朗 有时只能把门洞开得更大！有人甚至发明了一种滑轮装置，在进门的时候，跟随贵妇的侍从可以拉动一根绳子让假发弯下来。

**头发会不会被拉扯得有点难受？**

洛朗 不，人会被拉倒！

安东尼·德科内扮演的迪迪埃·朗布卢耶
和他的香蕉头。

# 希伯来语

绘图：斯特凡妮 · 拉纳

**希伯来语是今天以色列（这个国家位于地中海沿岸）的官方语言。**乔治推荐你去特拉维夫-雅法的阳光下享受一份早餐，看一看由这种特别的文字所书写的菜单！

**知识点！**

- 希伯来文从右往左书写，没有大写字母。
- 希伯来文字母表中有22个辅音字母和独特的元音音标系统，也就是说元音不是用字母形式表示的，而是用符号来表示的。
- 部分辅音字母所处位置不同，发音也不同。
- 同一个字母的手写体和印刷体长得不一样。

| 印刷体字母 | 发音 | 印刷体字母 | 发音 |
|---|---|---|---|
| א | Alef | ל | Lamed |
| ב | Bet, Vet | מ | Mem |
| ג | Gimel | נ | Nun |
| ד | Dalet | ס | Samech |
| ה | He | ע | Ayin |
| ו | Vav | פ | Pe, Fe |
| ז | Zayin | צ | Tsadi |
| ח | Chet | ק | Qof |
| ט | Tet | ר | Resh |
| י | Yod | ש | Shîn |
| כ | Kaf | ת | Tav |

**懂了吗？**答案见第49页。

乔治请一位以色列的朋友拼写了几个希伯来文单词。请根据左栏中的提示，在右栏中找出对应的希伯来文。（别忘了，希伯来文是从右往左书写的！）

| | | |
|---|---|---|
| **牛奶** | Chet-Lamed-Vet | סוכר |
| **茶** | Tav-He | ספל |
| **糖** | Samech-Vav-Kaf-Resh | תפריט |
| **马克杯** | Samech-Pe-Lamed | חלב |
| **菜单** | Tav-Pe-Resh-Yod-Tet | תה |

祝大家有个好胃口!

# 静电

绘图：斯特凡妮·拉纳

**在寒冷干燥的天气里，乔治摘帽子时头发有时候会竖起来。**今天，他决定去实验室研究一下这个现象。下面这个小实验可以让大家了解一下什么是静电。

**材料：**

- 一个金属材质的馅儿饼盘
- 一件羊毛或摇粒绒材质的衣服（或其他物品）
- 一个塑料或木头材质的晾衣夹
- 一把钥匙

**操作步骤：**

如果可以的话，请选择在不下雨的天气来做这个实验。

**1.** 将晾衣夹夹在馅儿饼盘上。

**2.** 将馅儿饼盘垂直放在羊毛衫（见右图）上，用手抓住晾衣夹（如果你惯用右手，请用左手拿，反之请用右手拿）。注意：从现在开始，你的手不能再碰到馅儿饼盘。

**3.** 一只手继续抓住晾衣夹以固定馅儿饼盘，另一只手用羊毛衫摩擦盘子。

**4.** 请你的助手将房间里的灯都关上（实验需要在黑暗中进行），然后慢慢地将钥匙凑近盘子但不要碰到盘子，并仔细观察。

**5.** 再做一次实验，这一次在第4个步骤时，用你的一根手指头代替钥匙。你看到了什么？

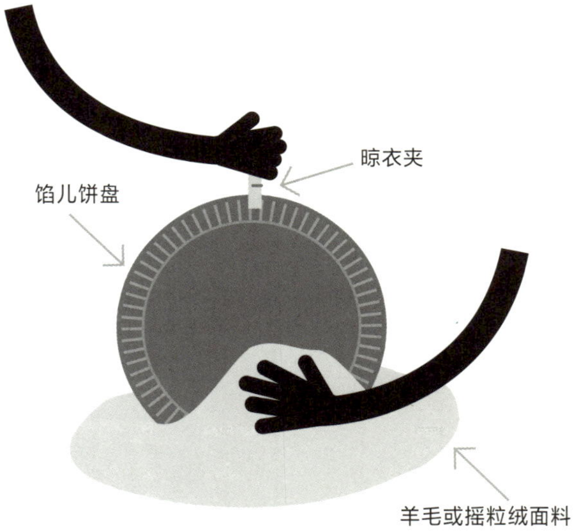


**实验结果：**

我们在摩擦盘子时，让它带上了电。在实验的第4、5步，电荷离开盘子进入靠近它的钥匙或手指。在这一过程中会产生小小的火花。

下暴风雨时也会发生同样的事情。云层中过载的电荷通过释放巨大的火花进入地面，这就是闪电（这个电荷量比我们实验中的要大得多）。

对于头发而言，当我们摘帽子时，摩擦会产生静电，让头发带电。但与金属或人体不同的是，头发不能导电，所以每根头发上都带有电荷，它们互相排斥，这就是它们会在空中竖立一段时间的原因。

# 女宾理发师

绘图：斯特凡妮·拉纳

**现在，乔治带您走进一家特别的理发店，再认识一下理发师马里奥，著名演员费南代尔曾经在让·布瓦耶1952年拍摄的影片《女宾理发师》中出演过这个角色。**

**故事：**

从剪羊毛的，到梳狗毛的，再到玩偶理发师和女宾理发师，马里乌斯（昵称马里奥）一步步接近他的梦想，成为巴黎最著名的美发师！但他知道如何脚踏实地吗？

**人物：**

- 马里奥（理发师）
- 吉利贝尔夫人（当地猪肉商，也是马里奥的大顾客）

**服装：**

- 马里奥和吉利贝尔夫人都身穿理发围布

**开机！**

在这个片段中，马里奥还没有出名。他在一家小理发店工作，有一些常客，其中就包括猪肉商吉利贝尔夫人。他正在为她理发。

**对话：**

**马里奥**（正在为吉利贝尔夫人理发。）

吉利贝尔夫人，生意还好吗？

**吉利贝尔夫人**

没什么可说的，我的小马里奥。

法兰克福香肠卖得没那么好了，但蔡珀拉特细香肠一直卖得不错。

**马里奥**

只要蔡珀拉特细香肠还行……熟肉制品卖得好的话，就一切都好！

**吉利贝尔夫人**

您呢，您这边都好吗？

**马里奥**

挺好的。哦！不要动，有一撮头发太长了。

（他把这撮头发剪掉了。）

**吉利贝尔夫人**（欣赏着镜子里的自己。）

哦，马里奥，您真是一位伟大的艺术家！

**马里奥**

也得看顾客。如果蜡模都跟您的头部一样完美，谁都可以成为大艺术家。我只在最上乘的大理石上进行雕塑！

**吉利贝尔夫人**（兴奋极了。）

您不仅是雕塑家，马里奥，您还是伟大的音乐家！

**马里奥**（非常谦虚的样子。）

哦不，我只会用两根手指弹奏。

**吉利贝尔夫人**（更加兴奋了。）

不，马里奥，不！您演奏的是小提琴！我们的头发是琴弦，您的手指就是胜利者的琴弓，让我们目眩神迷！

…………

**马里奥**

哈，我确实从中获得了很多乐趣，这不是一份工作，而是一份使命！

**吉利贝尔夫人**

使命！您的表达真是太恰当了。

**马里奥**

吉利贝尔夫人，看看您自己，简直就像一个小天使！

**吉利贝尔夫人**

马里奥，您就是魔法师！

（她站起身。）

**马里奥**（为她取下围布。）

不好意思。

**吉利贝尔夫人**（朝门口走去。）

记在账上。拿着，这是给您的。（她往马里奥手里塞了一枚钱。）

**马里奥**（不看这枚钱。）

哦，这太多了，吉利贝尔夫人。

**吉利贝尔夫人**

不，不多。

**马里奥**

真的太多了。

**吉利贝尔夫人**

再见。

**马里奥**

再见。

（他看着手里的钱，露出失望的表情。）

# 克里奥帕特拉七世的假发

绘图：斯特凡妮 · 拉纳

**最后，乔治为您带来一款法老的发型，拥有这款发型后非常适合在尼罗河边漫步。**当然，这款假发可以做成任意一种颜色！

**材料：**

- 一张A4规格的卡纸
- 一把尺子
- 六张黑色的A4纸
- 一根铅笔
- 一个订书机（装满订书钉）
- 一把剪刀

**制作方法：**

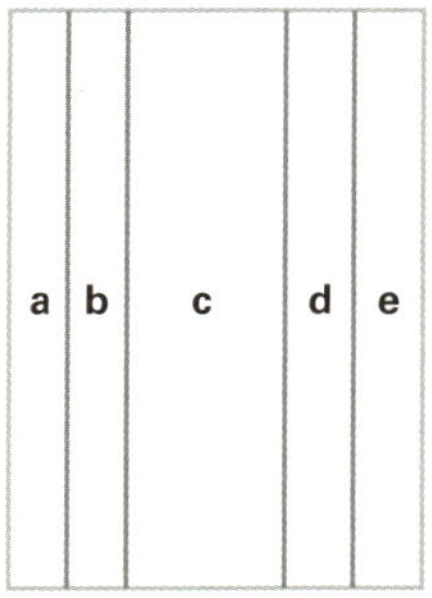


**1.** 竖着放置卡纸，在纸的上侧距离左侧边沿3、6、14和17.5厘米处用小点标记。在纸下侧的同样位置进行标记，然后将上下对应的点用线条连接起来。用字母标记每一根纸条，并将它们剪下来。

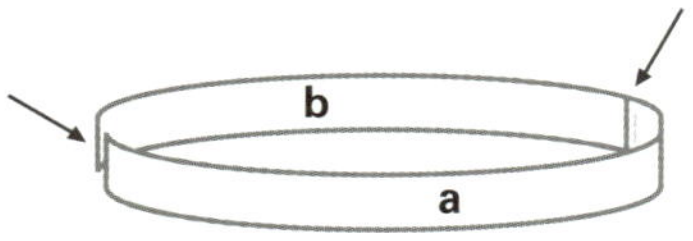


**2.** 将a和b两根纸条订起来，形成一个环。

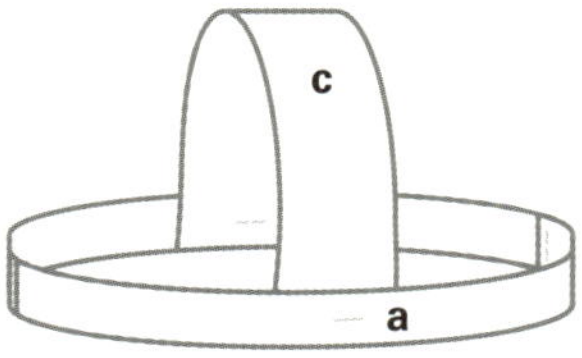


**3.** 将纸条c的两端分别订在环的前面和后面。

**4.** 将纸条d和e也订到环上，在纸条c下方形成X形交叉。

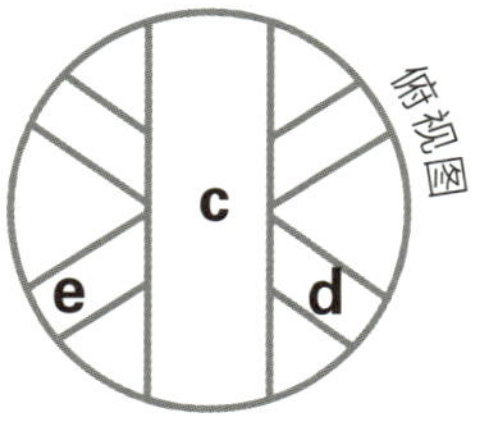


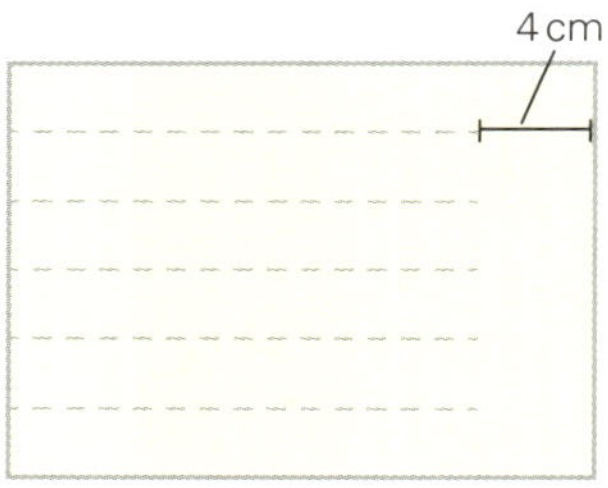


**5.** 拿出准备好的A4纸来制作头发。沿着A4纸的边剪出一个个小条，但不要剪断（剪到离边沿还有4厘米处停下）。纸条宽度为2～4厘米。如果想剪得很直的话，请先在纸上画好线。

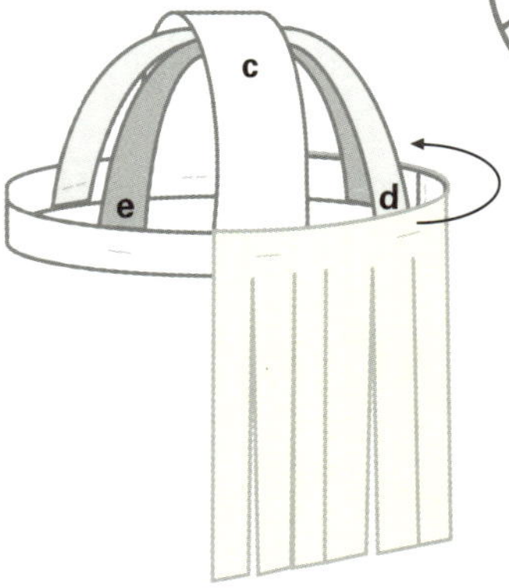


**6.** 将第一张头发纸沿着纸环订好，从纸条c的一端开始。

**7.** 再订一张头发纸，但这次从纸条c的另一端开始。

**8.** 修剪其中一张头发纸的纸条，它们将成为你的刘海儿。（小建议：现在不要剪太多，因为纸质的头发可是不能再长长的哟！）

**9.** 重复步骤6和7，但是这次请将这些头发纸固定在已经订好的头发纸上方4厘米处。

**10.** 将另一张头发纸订在纸条c之上，这张纸的边沿必须在纸条c的正中间（纸条在颈背的位置垂下来）。调整头发纸，将多余的纸条剪去。

**11.** 重复步骤10，这次将头发纸订在有刘海儿的那侧。

**12.** 现在，可以左右稍微修剪一下，让新发型看起来更蓬松！你还可以再加上一些头发条（如果还有地方可以订上去的话）。

# 游戏答案

这就是封面和封底的

7个不同之处：

## 游戏1 洗，剪，吹

**A.** 还好吗？吹风机会不会太热，有没有烫到您的耳朵？

没有，挺好的，正好让我暖和一点儿！

马丁太太，您等下就会看到，这个发型显得您更年轻了！

我的小菲丽希，您真是太贴心了。我很久没有理发了，头发像一堆干草。

我刚刚用了一款新型洗发水为您洗头发，您觉得气味如何？

很清新，闻起来像苹果。

没错，而且它可以让您的头发更顺滑。

谢谢。菲丽希，您能帮我把刘海儿剪得更短一点儿吗？

没问题，太太，我再稍微修剪一下！乔治先生，您可以去洗头发了！

**B.** 在下页这幅画中，有3把剪刀，6只眼睛，20根睫毛。另外还有3只鼻子，1颗心，2只耳环，0管口红，4颗痣，在电吹风机上有10个圆圈。

## 游戏 4 填字游戏

**横向：** A. 大闹天宫；B. 不管三七二十一；C. 布谷鸟；D.飞行员；E. 洗衣机；F. 消毒；G. 病人；H. 吹牛大王历险记；I. 皮皮鲁；J. 三百六十行；K. 齐天大圣。

**竖向：** 1. 大难不死；2. 布达拉宫；3. 笨鸟先飞；4. 消防员；5. 病毒；6. 铁皮人；7. 乌鲁木齐；8. 大年三十；9. 一贫如洗；10. 吹风机；11. 百兽之王。

## 游戏 5 落汤鸡造型

**A.** 广告语一：请使用小母鸡——唯一一款不会咯咯叫却能让头发美得呱呱叫的洗发水！广告语二：小母鸡，一款让秀发更出众的洗发水！ 广告语三：小母鸡，一款为您量身打造的洗发水，让秀发飘逸不凡！

**C.** 人物的头发是一只鸡的造型。

## 游戏 6 头发专家

**A.** 1→B / 2→A / 3→D / 4→C。

**B.** 见下图。

## 游戏 7 克里奥帕特拉七世与路易十三

**A.** 说明1（图二）：gfac。

说明2（图一）：bde。

**B.** 香水：古希腊、古罗马时代。电吹风机：20世纪。牙膏：古希腊、古罗马时代。肥皂：古希腊、古罗马时代。梳子：史前时代。

## 游戏 8 机密泄露

**A.** 线索：1. 他/她旁边的人脖子上有项链。2. 他/她下面的人头发的长度是横排的四个人中最短的。3. 他/她耳环的数量是单数。答案：

**B.** a：行1/列3。b：行2/列4。c：行1/列2。d：行3/列4。e：行2/列1。f：行1/列1。g：行2/列3。h：行3/列2。i：行3/列3。j：行2/列2。k：行1/列4。l：行3/列1。

**C.**

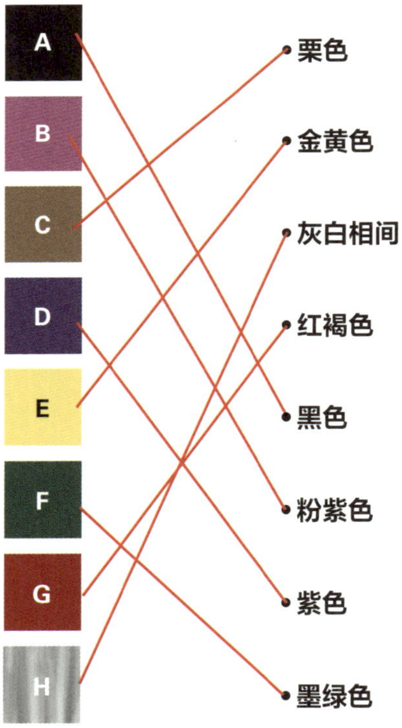

# 语言研究所 希伯来语

| | | |
|---|---|---|
| **牛奶** | Chet–Lamed–Vet | סוכר |
| **茶** | Tav–He | ספל |
| **糖** | Samech–Vav–Kaf–Resh | תפריט |
| **马克杯** | Samech–Pe–Lamed | חלב |
| **菜单** | Tav–Pe–Resh–Yod–Tet | תה |